植物生活

グリーンのある暮らし

日本主妇与生活社　编
王筱卉　译

辽宁人民出版社

序 言

舒适的沙发、柔和的灯光、心爱的摆件……

惬意的居室还必不可少的就是让人心旷神怡的绿色植物。

在向阳的窗边放一盆油绿的铁线蕨，

让生机盎然的常春藤从高处垂下，

把玲珑的多肉收集在一起，就变成了调节居室气氛的小摆件。

无需昂贵的植物品种或太复杂的操作，

即便只是最简单的小小盆栽，

它的一抹绿色也能带给居室轻松的氛围。

比起庭院种植，室内小盆栽让我们与绿色更加亲近，

更容易发现生活中的小惊喜，

“是不是又长高了”“小巧可爱的新叶长出来了”……

日常中的小小细节转化为每日的小幸福，为生活增添了趣味。

目 录

Part 1 与植物共生

让绿植布满居室，如同沐浴在大森林中，

或是享受绿植与古典摆件相映成趣，

又或是将阳台装扮得犹如一座庭院，充满大自然的气息……

为生活添上一抹绝妙的绿色，

展示生活丰富的奇思妙想。

Green Life

01 与绿植、香草相伴而居，对室内装饰及摆件布置的认知也随之提升，这样的乘法效应令人欣喜。

大阪府 /Y 女士的家

用盆栽或吊挂等各种方式布置绿植，打造清新风格的开放式起居室。

“被最爱的绿植环绕，我觉得很幸福。”Y女士说。

环顾整个居室，不仅阳台上，连房间里也摆着青翠的爱心榕、铁线蕨和香草等植物。似乎空气都随之清新，真有点不可思议。

Y女士种植室内绿植已有十几年，起因据说是公公的一句话：“要不就试试种点花草吧。”于是，快乐的日子就这样开始了，她与年幼的儿子一起浇水，一起感受植物生长带来的喜与忧。

最近，她的乐趣是用绿植和摆件装饰家居一角。随着兴趣渐浓，还发展到糊墙纸等DIY创作。

她说：“现在我还尝试种植香菜等亚洲香草。不管是DIY，还是生活乐趣的丰富，都是绿植的功劳。”

1 2
3

1. 铁线蕨的叶子小巧可爱，为厨房平添情趣。2. 将木条箱叠放在一起，做成展示架。用竹篮罩住绿植的花盆。3. 在厨房里放几种精心栽培的香草，烹饪的搭配就会更丰富。把迷你小花盆集中放进木盒里，凸显自然的意境。

绿色生活 | 01

用木条箱营造出恰到好处的家居氛围。

1. 在厨房的操作台前立起纵深较小的木质储物架，在上面装点绿植和摆件。2. 在冰箱上也摆上木箱和常春藤，常春藤虽是仿真品，但一放进木箱里，就变得好像真的一样。3. 摆件搭配马口铁等植物，置于不起眼的角落。Y女士说："思考绿植与摆件的搭配方法，也是充满乐趣的事。"4. 在木架下面装上小脚轮，让移动变得更容易。"植物能轻松晒到太阳，非常方便。"她说。

使用黑板涂料和砖块花纹的墙纸，让房间气氛焕然一新。在绿植的点缀下，起居室就像一间咖啡馆。

Green Life

02

这里本来是公司的仓库。天花板很高，光线很好。屋内的绿植生机勃勃。

T 夫妇的家

利用辅助工具悬挂绿植，为居室增添清新气息。屋里还有男主人感兴趣的骑摩托车的装备和吉他，展示之余，又实现了收纳功能。

nest
PUZZLE
107

摆放绿植的一个诀窍就
是掌握好上伸植物和下
垂植物的平衡。

绿色生活 | 02

对于自己亲手布置的房间或制作的家具，时间越久，依恋越深。

蒸汽船，偶尔也有摩托汽艇往来交错的河畔，仓库街一角，坐落着夫妻俩的家。男主人的祖业是开建筑公司的，这个房子原本是公司的仓库。夫妇二人结婚时，自己动手进行了改造。除去天花板，安上天窗，墙壁涂成白色，铺上拼木地板……除了二人梦寐以求的客厅，女主人的布艺制作工作室也一并完工。

令人吃惊的是，房间里几乎没有从家居店买来的东西。不管是整面墙的书架，还是用二手松木做的百叶窗，都出自男主人之手。“大家都说比较大的绿植、沙发才适合这个家，就给我们送来很多东西。”太太笑着说。

夫妇二人的兴趣爱好其实并不完全相同。“我擅长做东西，搭配布置就得靠太太了。”先生说。比如先生做了铁钩子，太太就挂上绿植。如此分工合作，给这个男性氛围的家，注入了柔和的气息。

“厨房也是我们自己改装的，还打算做个阁楼式的卧室。”他们说道。

不急，兴之所至。他们的家，还将不断成长。

1 2
3 4

1. 这里是太太制作拼布、玩偶等工艺品的工作室。今后，他们还打算粉刷墙壁，去掉天花板。2. 伫立在河边仓库街的家屋，从家里的平台就可以眺望波光闪闪的河面。3. 冲绳手工艺人丰永盛人制作的纸糊人偶、丽莎·拉森尔（瑞典陶艺家）设计的手工艺品……太太的收藏品展示在工作室的架子上。4. 连这个壁炉也是自己做的！据说是由旧气压机改造而成，烧的木柴都是做木工剩下的边角料。

Green Life

03

植物下垂的姿态惹人怜爱，屋内展示的绿植以垂吊造型为主。

福冈县 / O 女士的家

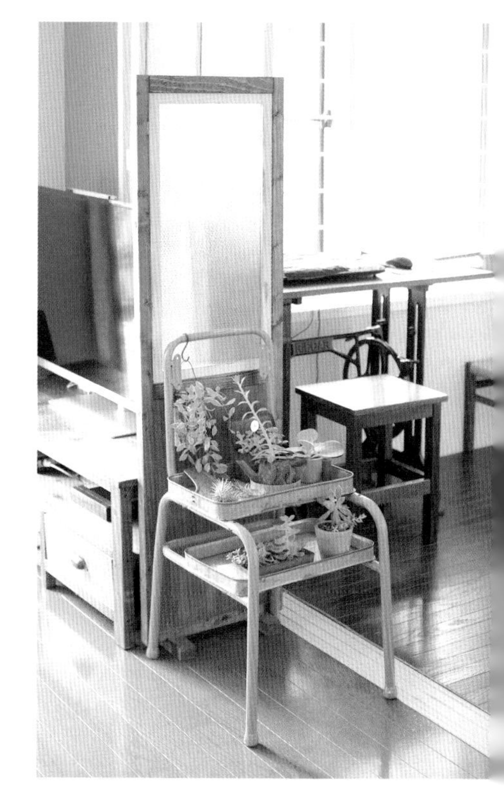

O女士自幼与植物相伴成长。对她来说，绿植是家居装饰不可或缺的存在。搬到现在的公寓后，多肉植物及常春藤等生长力顽强的植物一直是室内绿植的主角。最近，她尤其对吊挂植物的展示情有独钟。

她说："起因是有一次无意把绿植挂在窗帘杆上。我发现，植物在挂起来时，和放在平面上有着不同的表现力，很是惊喜。"

从此以后，设计吊挂造型便成了她特有的乐趣。环视整个房间，从天花板到吊柜，到处都是垂吊植物的舞台。枝叶在空中晃动，既为居室带来韵律感，又可以有效利用空间死角，可谓一举两得。

从事皮革制品设计的女主人在工作疲劳时，就给屋内的植物换换位置，也调整一下心情。

"感受着泥土和植物存在于身旁，精神便为之一振。这就是植物治愈心灵的力量啊。"她说道。

1. 厨房操作台处的天花板是下降式的，把拴线的铝制器皿或树枝做的花环挂在这里，既做装饰，又可以充当厨房的围挡。2. 用电钻在铁皮容器上钻孔，穿上链子后挂起来。3. 把学校课椅的座面去掉，换上铝制托盘，盛放绿植。

用落地式衣架来分割这间宽敞的起居室。植物挂得高高低低、错落有致，营造出立体感。

只要一经女主人的手，不管是缠线轴，还是挂件架，都变身为装点干花的绝妙舞台。

再装饰一些干花，营造出时尚氛围。

1. 随手捆扎成形的桉树枝，与废旧纸张的质感相互映衬。2. 把漏斗罩在干花束上，做成灯罩模样。3. 白色搪瓷摆件与绿植是绝配。洗脸盆等购自西洋古董店——Arbre。

Green Life

04 适合旧平房的素朴风格的绿植。

H 夫妇的家

伸展到天花板的绿植是空间的重点。桌椅购自“MOMO natural”。

与H夫妇邂逅在上班的园艺店，他们现在独立经营着一家绿植店。走进他们的家，映入眼帘的是随处可见的绿植，似乎已与房间融为一体。花瓶都是从旧货店淘来的玻璃瓶或水罐，装饰用的天然干花自成一幅美丽图画。

夫妇二人像喜爱植物一样喜爱旧货，他们的家是建了50年的独幢住宅。“我们喜欢素雅的颜色和素朴风格的植物，它们和老建筑特有的氛围相互融合，感觉很舒服。”

对他们来说，植物就像家人一样。“即便只是轻轻触碰它们的枝叶，也会觉得整个人都精神了。”

1. 这是在房东的许可下，夫妇二人一起修整的院子。为了避免太过精美而失去自然味道，他们特意保留了一些杂草。2. 把多肉植物和蜡烛组合放置在铁皮容器里——比单放植物盆栽更美观。3. 日本吊钟的花枝很耐久，值得推荐。使用大花瓶时，花不要插得太满，留有空间，这样可以让花看起来更有生机。4. 把新鲜的花加以干燥，即可做成色彩鲜艳的干花。

旧的防水台或者爱犬的旧厕所——有效利用闲置物件，享受阳台园艺的乐趣。

神奈川县 /D 女士的家

D女士所住公寓的对面，有一片绿树林。为了让煞风景的阳台能与对面景色协调，她开始了阳台的改装。“其实每天待在这里的时间并不长，也不想花太多钱。”她说。

于是，她注意到了闲置的双人床防水台。“高矮刚好和外墙一样，就是比外墙宽了些，多余的部分锯掉，组装成L形，毫无浪费。”

最后把防水台漆成蓝灰色，自然感瞬间增强了。下一步再点缀上储物架和木盒子，把摆在屋内的杂件也都拿出来。她充分发挥天生的灵性，精心完成了阳台的大变身。

“现在一来到这里，就会情不自禁地深呼吸。对面的树林也好像背景一样，这被绿色环绕的舒适空间，真是太令人满足了。”

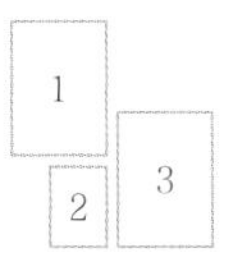

1. 立起木盒子，有效利用空间死角。安装在扶栏上的壁板、壁板上的五金部件都购于网上。2. 壁板上装饰着从古董店淘来的水龙头，成为点睛之笔。随性而为的 DIY，可以随时露一手。3. 把以前给爱犬做的厕所再利用为花盆架，还能兼顾顶住壁板，保持稳定。

阳台和树林的景致融为一体。铺在地上的木制嵌板和桌椅套件都是在“宜家”买的。

高挑的绿植、吊床——
在宽敞明亮的素地面房间中，放置着能尽情享受户外乐趣的物件。

千叶县 /K 夫妇的家

有些污迹或瑕疵也无须在意的素地面——打理绿植、DIY、饲养爱犬都再合适不过。吊床的位置恰好能透过天窗远眺天空，看上去很惬意。

1. 阳光从天窗直射进一层居室，楼梯井处宽敞而明亮。高挑的绿植映在白色的墙面上。2. 第一次尝试使用暖炉，调整炉火意外的简单。“很期待冬天用它烹调美食。”3. 这是一个带收纳袋的壁挂。黑板上是用蜡笔画的大海，出自男主人之手。画作与龟背竹的姿态很协调。

“住在这样的家里，可能每天都像在旅途中一样心情舒畅吧！”这对热爱旅行的夫妇在考虑选择住房时，对这幢原木小屋怦然心动。

有楼梯井的素地面，搭配上高挑的绿植、户外椅和吊床，这样的组合让人精神愉悦，好像置身室外一般。即使工作疲惫，回到家以后，就能转换角色，身心安稳而舒畅。丈夫给暖炉劈柴，妻子在院子一角耕田种菜，两个人都充实而快乐。更令人欣慰的是，他们和周围邻居的交流也日渐密切。

男主人说：“以前的家空间狭小，往往只为睡个觉，而现在则是心怀期待地踏上归途。”对他来说，家的意义已经大大改变，成为和家人相伴的温馨港湾。

Green Life

07

窗户周围是装饰绿植和闪亮杂件的最佳位置。

爱知县 /Z 夫妇的家

在餐桌对面的窗户上挂起绿植和杂件，同时也兼做遮挡之物。

1 2

1.“把垂吊系绿植和挂件都挂在窗户不拉动的一侧，这样就不会影响开关窗了。”女主人说。2. 两个落地窗之间，一个类似玄关柜的桌子成为主角，周围集中放置着铁质的西洋古董，桌上的灯被漆成了黑色。

走进起居室，阳光从三个方向照进来，明亮得有些晃眼。女主人说："落地窗采光好固然让人高兴，但是窗框周围过于单调却实在不好处理。所以，就在落地窗周围集中摆放了这些西式古风家具，还装饰了摆件。"

她希望用仿旧家具布置出画一般的视觉效果，把大家的视线集中于此，窗框就不再显眼。窗边沐浴在阳光下的绿植似乎也充满幸福感，熠熠生辉。

他们也很注意营造窗户周围的季节感。一个摆件，随着阳光照射的变换，样子会有微妙的不同，对于装饰方法、留白处理等，总是需要动动脑筋。女主人经常变换房间内的布置，几乎到了"儿子一睡午觉，就开始行动给房间变样"的程度。所以，她的居室才可以长保新鲜。她还说："冬天一般会用黑色的摆件来凸显沉稳的感觉，到了春天，就会不断添加绿植和玻璃制品。"

PAPUA NE
RAW ARABICA
CLEAN SOU
PORTE MAILLOT
CAFE DES ARTS
ET METIERS
MUSEE DU
LOUVRE
FORUM DES
HALLES
MUSEE DE
l ORANGERIE
PETIT PALAIS
EIFFEL(QUARTIER)
HOTEL AU
TROCADERO
CITADINES PARIS SAINT
GERMAIN DES PRES

阳光从窗外照进来，

1	2	3	4

让植物看起来很灵动……

1. 梯子是花 5000 日元（约 300 元人民币）从伦敦订购的。2. 挂在墙上的浴室挂轴，可以使空间显得更加紧凑。3. 落地窗对面是种了植物的宽敞阳台。4. 为了不妨碍烹饪，厨房里主要装饰的是小摆件和干花。

Green Life

08 有厚重感的工业风内装，绿植的搭配恰到好处，为居室增添温暖。

德岛县 /O 夫妇的家

男主人以前从事家装行业，他看到扔在工地的旧家具和摆件，被深深吸引，便转行到了旧货店。与工业风格家具结缘，也因他转行后，以进货商的身份拜访了一家即将解散的工厂。“在那里见到很多平时没见过的东西，感觉心立刻被它们带走了。”O先生说。

那些物件都只在生产现场用过，没有多余的装饰，又很结实，他很是喜欢，所以也拿到家里来用。他说：“它们中的一些又大又重，似乎并不适合放在家里呢。”

无法拿来就用的，就加以改装、再生。比如把特大的货架改成桌子等，这也成了夫妇俩的一大乐趣。在这工业风格的居室里，他们也装饰了一些绿植，给空间增添轻松的气氛，也成为愉悦身心的关键。

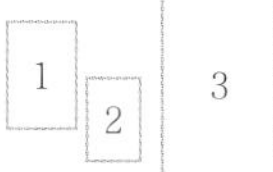

1. 切割特大的钢架，嵌入玻璃桌面，就做成了客厅的茶几。2. 这本来是一家牙科诊所的医用储物架，大理石桌面和复古的玻璃让人心动。铁质支柱椅子产自德国。3. 他们想让墙壁呈现出生了铁锈的感觉，就刷了茶色和黑色的墨汁。天花板灯是Holophane 的。

摆在玄关处的是公共浴室用过的鞋柜。怀旧的数字和木头的质感与绿植和干花和谐相衬。

把沿窗的空间布置成咖啡书吧的样子。被心爱的绿植环绕，感受在森林中读书的愉悦。

兵库县 /Y 夫妇的家

1 2 3

1. 千叶兰的枝条从竹篮中溢出，演绎独特的魅力。2. 装饰挂轴由女主人设计，按照原设计尺寸印刷出来。3. 长条形的书架用原木制作。除了书，还装饰了绿植。

客厅一角陈设着绿植和书。正如这对夫妇的朋友们所说："比起去咖啡馆，更愿意坐在Y家的客厅喝茶。"这里的确是极好的治愈空间。

空间的整体设计酝酿了1年，由女主人DIY完成。制作书架，在窗户上安装古典式的西洋彩色玻璃，把木板条横向并排贴在墙壁上……一件件手工制作的物件和绿植相互映衬，洋溢着融融暖意。

最喜爱这里的还是家里的先生。他觉得"这儿可以让心静下来"。每到休息日，夫妇俩在这里喝咖啡、读书，享受最幸福的时光。

在窗边横向粘贴了仿旧涂装的木板。这悠然舒缓的空间，很适合株型挺拔的绿植。

贴上壁纸屋本铺（日本壁纸品牌）的锡瓦砖花壁纸，完成了这个展示角，绿植的点缀让空间更显灵动。

西洋古董和黑色摆件可以让空间更显紧凑。

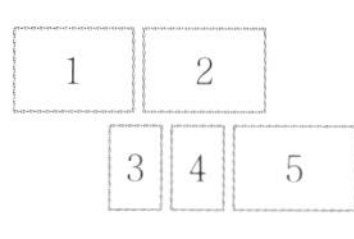

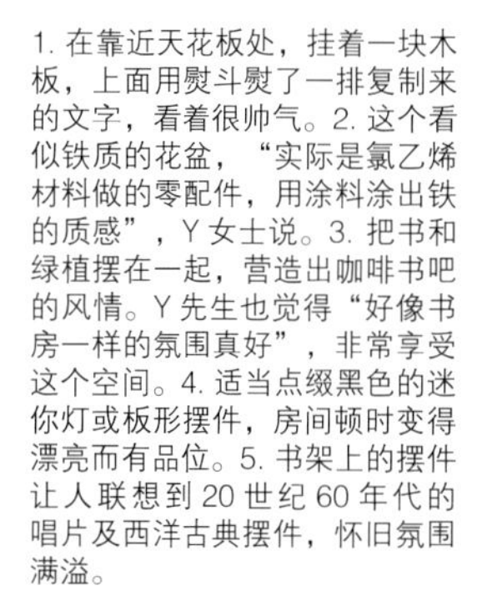

1. 在靠近天花板处，挂着一块木板，上面用熨斗熨了一排复制来的文字，看着很帅气。2. 这个看似铁质的花盆，“实际是氯乙烯材料做的零配件，用涂料涂出铁的质感”，Y 女士说。3. 把书和绿植摆在一起，营造出咖啡书吧的风情。Y 先生也觉得“好像书房一样的氛围真好”，非常享受这个空间。4. 适当点缀黑色的迷你灯或板形摆件，房间顿时变得漂亮而有品位。5. 书架上的摆件让人联想到 20 世纪 60 年代的唱片及西洋古典摆件，怀旧氛围满溢。

Green Life

10 赋予阳台更多可能性，培土，让这里成为心仪的自然风花园。

东京都 /T 女士的家

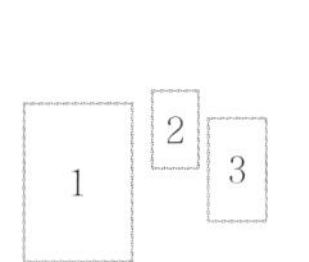

1. 在石板的缝隙里加上土，种植婴儿泪等植物。2. 淘来一个叫“盥洗桌”的洗脸台面，替换了原来的水槽。3. 翻新公寓时安装了古风的法式窗户，几乎要忘了这里是地处东京中心的公寓。

T女士全面翻新了公寓，终于完成了向往已久的乡村风格的居室内装。她说：“虽然住的不是独幢住宅，但也很希望能有一个自然风的花园。”后来，她如愿找到了理想的装修公司，“和露天庭院一样返璞归真的花园”在自家阳台上出现了。

她曾经在内心期待多年，能透过石板的缝隙观察植物的绿色。这在欧洲所见、令人心驰神往的花园景致，如今已浓缩在眼前这方寸空间。阳台改装已有三年，虽然土量稀少，植物却几乎没有枯萎，顽强地扎根其中。

让花园更有魅力的，还有主人收集来的各种古典摆件。椅子、水槽、喷水壶，每一件都好像已在这里陪伴植物多年。

“不管是炎热的夏天，或是草木枯索的冬天，只要望向窗外，就觉得心里无限幸福。”

可以在家中观赏的小花园，小巧却贴身存在的大自然，正洋溢着勃勃生机。

铺着赤陶瓷砖的日光室和阳台花园非常协调，“我特别喜欢这里的景致”。

让铁线莲爬上墙板，再用破旧的木框及砖头巧妙渲染。设计和施工均为“Buriki no Zyoro”。

绿色生活 | 10

搪瓷或铁皮摆件
与绿植共同营造出
治愈的空间。

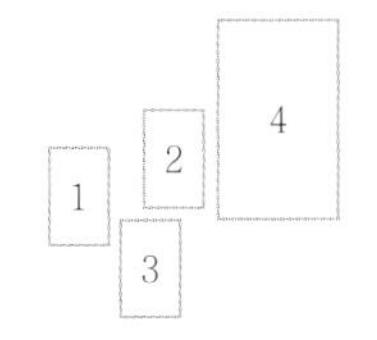

1. 这是法国制的搪瓷肥皂架。把幼苗和缸子一起放在架子上，浇水时取下来。2. 不经意间露出的价签，好像菜市场货摊般的陈设。3. 把翻修居室时剩下的旧砖头堆在一起，应景的还有锈迹斑斑的秤和铲子。4. 生了锈的旧椅子，充当花园家具再合适不过。

Green Life

11

借 DIY 和绿植之力，让出租公寓呈现出巴黎公寓的异国情调。

京都府 /P 女士的家

在橄榄树的枝干上缠绕常春藤，这充满跃动的组合成为空间的亮点。

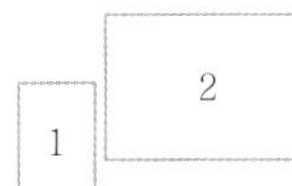

1. 为了遮掩窗框，安装了古香古色的隔扇门。在门与窗的间隙装饰着香草和蜡烛，宛如庭院一般。
2. 实在难以想象，这间仿旧风格的客厅，原本是6个榻榻米大的日式居室。除了DIY，绿植也是提升空间品位不可或缺的。

推开P女士的家门，展现在眼前的是一个被西洋古典摆件装点的仿旧世界。DIY的墙面和壁炉台营造出古老而美好的巴黎公寓氛围。

据说她的母亲十分偏爱室内装饰和园艺，耳濡目染，她也对旧摆件和绿植情有独钟。结婚以后，她一直在美国生活，无法随心所欲地布置居室。两年前回到日本后，也因为工作调动，一直租房子住。于是，她尝试使用可以恢复原貌的DIY及绿植搭配，设计自己喜爱的家居世界。“绿植与西式古典摆件非常相称，它独特的阴影还能增加家居的情趣。而且，我特别喜欢有香味的绿植，所以房间里总摆着香草。”

香草还可以丰富每日的餐桌，好处颇多。最近，她开始把热情投向如何用香草来展现待客之道。

布置待客的餐桌也少不了绿植活跃的身影。

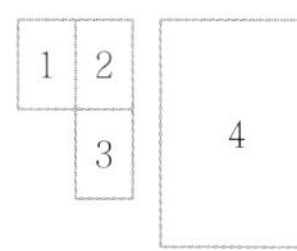

1. 在葡萄酒冷却器里放些薄荷叶，视觉上就很精致。2. 在餐巾上搭配了象征和平的橄榄叶及亲手制作的小标签。3. 玻璃隔板下的杯子里放着贝拉安娜（绣球的一种）。看它楚楚动人的样子，客人也会很感动吧。4. 放在竹篮里的植物是牛至，搭配的古典摆件大多购自京都的杂货店。

在墙壁一角斜立着画框，餐桌的布置与常春藤的摆放相得益彰，颇具技术含量！

12 运用壁板和木箱，以高低错落的方式摆放，让阳台成为绿色环绕的空间。

兵库县 /X 女士的家

很有质感的木地板和壁板协调搭配。木地板是工地搭脚板，购自DIY材料丰富的广岛人气店WOODPRO。

从朴素的餐厅向外望去，养眼的绿色风景充满视野。更远处是广阔的神户海面。

绿色生活 | 12

从餐厅向这里远望，每天都被阳台的景致治愈着。

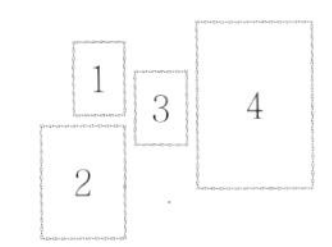

1. 一件件精选的赤陶花盆及器皿，都存放在陈年的木箱子及铁桶里。2. 小号植物也用木箱盛放，植物高出箱子边缘，提升存在感。“对于展示植物，木箱可是非常有用呢！”3. 这是今年买来的金雀花。春天里，黄色的蝴蝶形花朵竞相绽放，“阳台立刻变得华贵起来”。4. 椅子和凳子成了藤蔓植物表演的舞台。“风吹雨打之后，家具耐人寻味的风情让人很期待。”

用手工组装的横排板墙充当阳台花园的背景。在它的映衬下，绿植显得分外醒目。从屋内望过来，也带给人满目清爽感。可是在改装之前，这里是被混凝土包裹的灰色空间。

“虽然总想改变一下，但不知该怎么办……”X女士说道。

后来，她求助于一家经常顺路走访的建材中心。在工具齐备的操作现场，热情的DIY顾问给了很多建议，这才自己完成了改装。

完工后的壁板构造坚固，即使是重一点的花盆，也可以放心悬挂。而且，壁板不但和她从旧货店多年收集来的旧木箱、旧架子等非常相称，搭配高低错落的绿植也非常协调。

“我挑选的植物，基本都是耐寒的品种。所以，这里就成了四季常青的天然花园。”

Green Life

13

多肉植物和怀旧摆件的组合，男性色彩很足。

东京 /J 女士的家

木窗帘盒上放置吊盆植物，在儿童椅、三层木架上装饰绿植，为了给落地窗周围增添情趣，花了不少心思。

SPECIAL
WELL WISHES
FOR THE
MR.& MRS.
COFFEE
Just do it

1 4
2 3

1. 在沐浴日光的窗户前集中摆放绿植。2. 在床的侧面和墙壁之间，安装了木条板。3. 书架也是 DIY 作品，在最上层还装饰了仿真绿植。4. 这是用多肉植物和摆件装扮的阳台。把防水板接合在一起，做成格子窗效果；或者把木箱子重叠放置，等等，用较少的预算就能实现想要的氛围。

绿色生活 | 13

在绿植环绕中制作手工艺品，这是最幸福的时刻。

J女士的居室，从阳台到屋内都布满了绿植，水嫩嫩的气息令人心旷神怡。她把木盒子、铁架子等古典摆件放在一起，出众的时尚搭配技艺闪烁着光芒。今年是她单身生活的第五年，而开始用绿植布置居室，则是这一两年的事情。

她说："起因是看别人的博客，被绿植和旧杂货混搭而成的男性化房间所吸引。多肉植物的颜色、形态都充满个性，种类又丰富，收集起来很有乐趣。现在，我还在学习水培养、插叶栽培等繁殖方法。"

在参考布鲁克林的房间等外国居室设计的过程中，她对追求古旧味道的DIY和摆件制作也产生了浓厚兴趣。现在，经常自己加工废金属罐花盆和水泥花盆。"这次做了这个，下次还想做那个，想尝试的事情就这样越来越多。"主人笑着说。

Green Life

14 二岐鹿角蕨和多肉植物既易于打理，又有存在感，是室内装饰的主打。

东京都 /Y 女士的家

透过窗户向外望去，阳台上的绿植分外清新。二岐鹿角蕨表现出艺术品般的存在感。

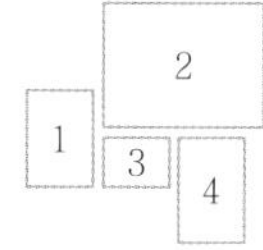

1. 房间一角的圆形桌和单人沙发组成读书角。叶片造型独特的绿植并排放在厨房操作台上。2. 舒适的多功能床铺，白天兼做沙发。落地灯放在床边，用于居室照明。3. 椅子被活用为墙边小桌。4. 阳台上种植着喜光的多肉植物及香草。

Y女士是一家人气咖啡店的店长，每日繁忙而充实。起居室作为她消除疲劳的地方，绿色植物是不可或缺的存在。她精选了二岐鹿角蕨、多肉植物、空气凤梨等品种，易于栽培又造型独特。“我比较喜欢冷静的氛围，所以不怎么摆花。”

工作之余回到家，遛狗和给植物浇水是必做之事。“哪怕只有很短的时间，和植物亲密接触，就能让我恢复精神。”似乎她每天都能从绿植中汲取能量。

Green Life

15

自己建造的、和客厅连接的日光室，可以无须在意蜜蜂或流浪猫，尽情地栽培绿植。

爱知县 /Y 女士的家

从客厅即可直达阳台，绿植的护理简便易行。每天早晨的浇花时间都是幸福时刻。

房顶上排列着透明的瓦楞板，确保采光。夏天用布遮挡太阳，为绿植提供适宜的环境。

空间有限，墙壁也要全面利用。

Y女士说："我曾经下定决心，如果能自己盖房子，一定要在院子里栽花种菜。"不料，在期盼许久的新家建成之后，院子里招来大量蜜蜂，还遭到流浪猫的种种破坏，完全没能享受到园艺的乐趣。

于是，她想了一个主意，那就是用围墙把院子围起来。一向心灵手巧的她，从打地基开始，仅凭自己的力量就完成了日光室的建造，实在惊人。

地面高度以可以从客厅轻松出入为准，用壁板把周围围起来，左、右侧还分别装了可出入的门。

窗户安了纱窗，通风良好。壁板因为涂成了白色，透过窗户向外望去，景色分外明亮。对改建后的效果，Y女士自己特别满意。

1. 据说，为了配合日光室的特点，把原来摆放的亚洲系绿植，都换成了与自然风格的居室相宜的绿植和花卉。2. 因为采光很好，所以常春藤等植物长得分外茁壮。海蓝色的窗框是亮点。3. 颇有情趣的鸟笼是从二手货商店淘来的。从市面上买来的花环配上鲜花，摆在鸟笼里。4. "白色的背景有点单调，所以加了一些摆件。" Y女士还买了小白板，用铁丝挂在这里。

很难想象这里其实只是个过道——仅有5米长、1米宽。主人在墙面上装了搁板，充分利用了空间。

Columbian Raspberry.
12 for $1.00.
Brown Brothers Company,
Rochester, N.Y.

Green Life

16

用防水板、麻袋布等手头的材料给阳台变个样，与多肉植物和小摆件协调搭配的空间诞生了。

大阪府 /F 女士的家

防水板做的壁板用铁丝固定在栏杆上。“终于把冷冰冰的混凝土给盖住了。”

摆件与绿植的布置搭配充满乐趣。

F女士的家位于建筑密集区，在仅有3个榻榻米大的阳台，她尽情享受着园艺的乐趣。绿色植物摆放得密密麻麻，多肉植物是主角。

“因为护理简单，所以一看到家里还没有的品种，就情不自禁买回来。”

阳台改装开始不久，就完成了DIY新手难以置信的效果。仅仅是装上防水板壁板，就轻而易举地让阳台有了不一样的氛围，着实让人惊喜，园艺的步伐也随之加快。

“用上过漆的防水板，就可以把多肉植物衬托得生机勃勃，让人很开心。”

阳台上随处可见的，还有从咖啡馆拿来的咖啡豆包装麻袋。盖空调配管，或是做遮阳棚，用法多种多样。“拿它来挡太阳，就可以防止植物叶子晒伤。”植物能尽情生长，也多亏了这充满爱意的巧妙心思吧！

1. 用重磅蛋糕的模子充当植物容器。“在表面涂上了木蜡油，让它呈现出破旧之感。”2. 在铁网架子里铺上椰子纤维，就可以种植多肉植物了。“椰子纤维还很便于排水呢。”3. 把掉下来的叶片放在土上，就会生出新芽，所以把它们集中种在木花盆里。4. 在长柄勺里填满多肉植物培养土，一件混栽力作诞生。5. 如何让麻袋布变身遮阳布？把麻袋布的一端卷成圆筒状，固定好，拿一根四棱木从中通过，用“S”形钩子挂在晾衣杆上即可。

1	2

3	4	5

为了让空间更有立体感，居室主人还布置了格子窗、架子等，地上还铺了木质嵌板和人工草。

Green Life

17 向阳处如温室一般，植物茂盛生长。在形态各异的花盆里，植物营造出个性化的氛围。

东京都 /S 女士的家

摩洛哥地毯和绿植的组合很清新。镜子旁边放的是高山榕。

1. 洋水仙的球根放在水中栽培，不妨碍观赏它每日成长。彩色的玻璃壶是朋友送的礼物。2. 把萨热藤（sugarvine）的藤蔓垂在窗边，白墙映着绿植，尤其好看。3. 夹竹桃叶仙人笔、多肉植物、宝洛克垂叶榕等，镜子周围摆满了各种绿植。植物映在镜子里，观赏效果翻倍。4. 玻璃器皿里放着空气凤梨，悬挂在窗边。株型大的随意一挂即可。

1 3
2
4

S女士对这间向阳的房间一见钟情，她才搬进来不久。“我想把这里布置成到处是植物，如温室一般的房间！”她利用周末遍历周围的花店和旧货店，买回中意的绿植，移栽到新花盆里，让它与居室装饰协调统一。

“即便是100日元的绿植，只要换个花盆，也能瞬间变得更养眼。”

“因为采光好，只需最低限度的护理，植物就长得枝繁叶茂。欣赏它们生长的样子，就是内心安详的时刻。”

随季节变化，将盆栽从阳台移至室内，享受居室绿植之乐趣。

兵库县 /S 夫妇的家

阳台花园和室内绿植交相辉映，感觉被大自然的气息围绕着。

1. 百里香旁边的干花惹人怜爱。“它们的共同点是都可以长期观赏。”2. 墙上的搁板、男主人手工制作的书架以及玻璃柜等，客厅里汇聚了各种展示绿植的小舞台。3. 用垂到腰高的蕾丝窗帘调节光照强度。

女主人所选的绿植都是室内、阳台皆可栽培的品种。经常根据植物的生长状态，来移动位置。如果植物在夏日强光下变得虚弱，就移到室内培养。相反，如果在日照不足的房间里无精打采，就移到阳台上晒日光浴。而且，因为叶子向阳生长，还时常转动花盆，改变叶子的朝向，每日护理从不懈怠。

在如此悉心照料下，绿植总是朝气蓬勃。“夏天，只要它们在身边，就会觉得房间里很凉快，好像连空气也被净化了。”

绿植与历久弥新的老古董、木质家具也非常般配。这些小道具为夫妇俩所喜爱的自然式家居营造出清新的氛围，都是不可或缺的存在。

Part 2

植物造型DIY

把心爱的绿植毫无设计地一放，实在太可惜！

把它摆进鸟笼里，或尝试DIY一些个性化的花盆，

总之要在装饰方法上多动脑筋。

以书中分享的构思为起点，

提升家居品味和氛围。

Green Coordinate

Styling

只需在装饰的技法上稍下功夫
绿植就会更有魅力。

Styling 01 在餐桌上点缀“引人食欲”的多肉植物。

铺上长方形的桌布，把多肉植物盛放在玻璃杯或盘子里，“端上”餐桌。邀请特别的客人来家中做客，插花固然美好，多肉植物带来的惊喜也一定令人难忘。

Styling 02

较多盆栽排列摆放时，讲求错落有致。

只是把多盆绿植随意地摆出来，难以产生美感。打破高度上的统一感，必然可以实现视觉上的张弛有度。

Styling 03

以鸟笼为“舞台”，打造一个小世界。

在鸟笼里设计创作了“猫头鹰栖息的森林”。用生长茂盛的光棍树（多肉的一种）表现森林，让空气凤梨爬在笼底，充当鸟巢。如此一来，猫头鹰看上去栩栩如生，惟妙惟肖。

Styling 04

叶片形态独特，有飘逸之美。

二岐鹿角蕨的叶子好像驯鹿角一样。它从天花板上垂下来，在白墙和蕾丝窗帘的映衬下随风摇曳，为居室平添了几分神秘气息。

Styling 05

把绿植挂在衣架上，让它融到家居的氛围中。

穿不腻的大衣，搭配心爱的帽子，还有绿色植物……在每日驻足之处，看似无心地摆上绿植，是希望能汲取它们的生机和活力。右侧枝蔓伸展的是仙人掌科植物。

Styling 06

把藤蔓植物摆在高处，下垂的姿态惹人怜爱。

在搁板架等位置较高的家具上放置藤蔓植物，观赏它们不断伸展的生长过程，也为居室带来优雅的情调。枝条缠绕在架子的边角，野性的味道也颇有风趣。

Styling 07

在厨房里摆上一盆“香草小园”，亦可用于烹调。

如果厨房里有盆香草，就可以随手采撷，为菜肴增色添香。“迷迭香成熟了，今晚吃烤鸡如何？”这样来决定晚餐，也是一件趣事。

Styling 08

要在盥洗室里放置绿植，当选无须土壤的空气凤梨。

空气凤梨吸收空气中的水分生长，无须土壤，不挑环境。把它装饰在相对单调的盥洗室里，让清早匆忙准备的你不禁露出微笑。

Styling 09

把绿植插在花瓶里，展现凛然的风度。

剪下一段常春藤和萨热藤，插进花瓶，尽情观赏它们美丽的身姿。因为在栽培过程中始终饱含爱意，剪插之时，也会很用心。

Hamm's
DRAFT
Burgemeister

Styling 10

把日用品和空罐当作花盆来使用。

司空见惯的陶花盆总是让人难以尽兴。如果换成旅游带回来的纪念罐或家里“来路不明”的烧杯，绿植的印象也会大不一样，推荐一试！

Styling 11

绿植 × 户外单品，打造露营一角。

把绿植与提灯、露营凳子、小型喷灯、不锈钢杯子等组合在一起，营造出置身野外般的氛围。即使身处室内，心情也能陶醉在露营的旅途中。

Styling 12

把绿植装进小木箱，营造井然有序的感觉。

“想尝试一下混栽，但又似乎有点麻烦……”挑选几个中意的盆栽放进木箱，盖上椰壳纤维就能实现混栽效果。

Styling 13

画框立在近前，把它装饰成艺术品。

把多肉植物与去掉背板的画框相搭配，提升居室美感。植物不但可以放在画框里，还可以缠在边框上，或者从后面延伸出来，强调立体感。

Styling 14

在打开的英文书上放一株空气凤梨。

空气凤梨有着独特的造型，只需把它放在晒变色的旧书上，就能演绎出别致的氛围。点燃蜡烛，享受这不可思议的幽静时光。

Do It Yourself

DIY

自己动手，制作理想的花盆和花架。

Idea 01

01 制作移动花架 *Carry Planter*

这是用红酒木箱改装的花架，为了便于在居室改装时也能随意移动，给它装上了小脚轮。选择稍粗一点的绳子，作品会更显气派。

材料 & 工具

红酒木箱、
直径 2 厘米的绳子、
小脚轮 4 个、
轮子用螺丝、
电钻（打孔钻头）。

1

用电钻将4个脚轮固定在木箱底部四角，完成后转动脚轮，检查它是否超出了底部的边界。

2

用电钻在木箱侧面上部打两个洞，为了确保和上部边缘保持平行，事先要做好记号。

3

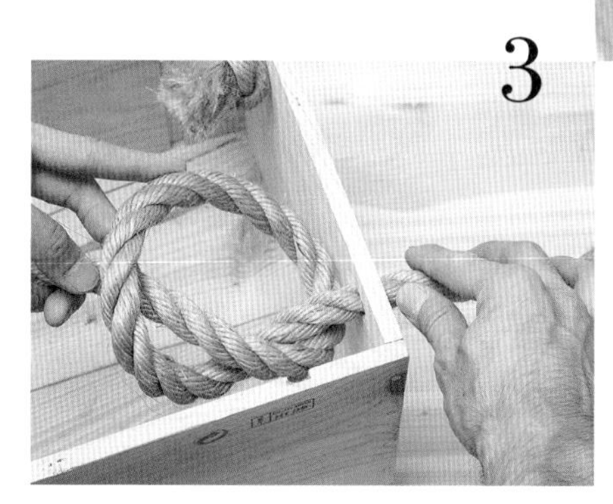

把绳子穿进两个洞里，在木箱内侧打结系紧。剪掉多余部分，让成品看起来更美观。

Idea 02 03

02 垂漆花盆 *Drop Paint Pot*

滴几滴涂料在朴素的赤陶花盆上，马上就变成了有设计感的图案。要注意，涂料流淌的长度不要有规则，保留随意感。也可以使用多种颜色，做成彩色版。

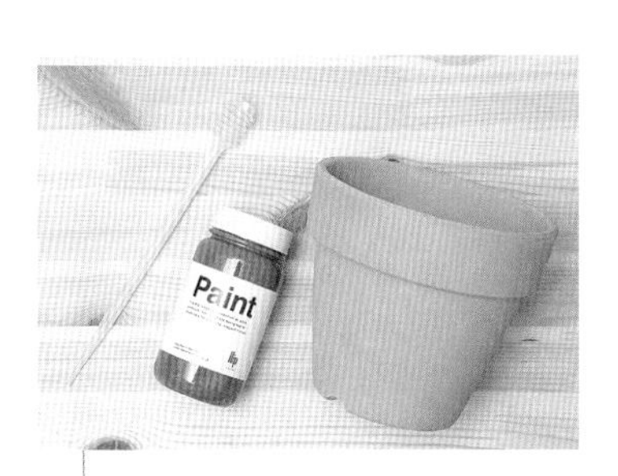

材料&工具

玻璃吸管、水性涂料、赤陶花盆。

1

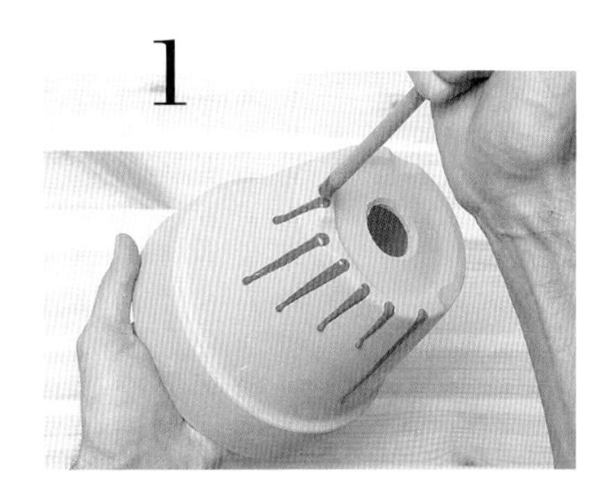

用玻璃滴管把涂料滴在花盆底边，以涂料的多少来调节线形花纹的长度。

03 双色涂漆花盆 *Two-tone Paint Pot*

可以选择相同色系，突出作品的成熟感，也可以选择黑、白等对比色，彰显个性……按照居室内装的风格，来决定色彩组合吧。

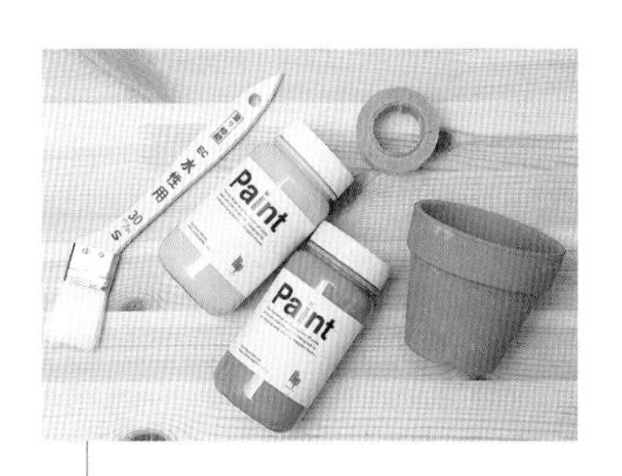

材料&工具

刷子、双色水性涂料、遮盖用胶布、赤陶花盆。

1

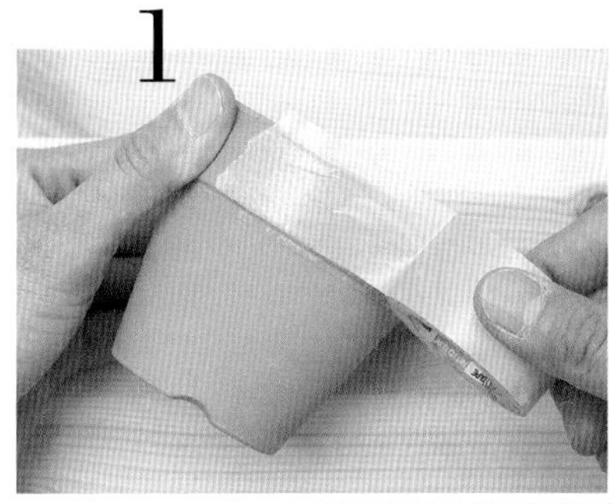

涂第一种颜色之前，先把不涂色的部分用胶布遮住。做好这一步可以让涂色效果更佳。

2

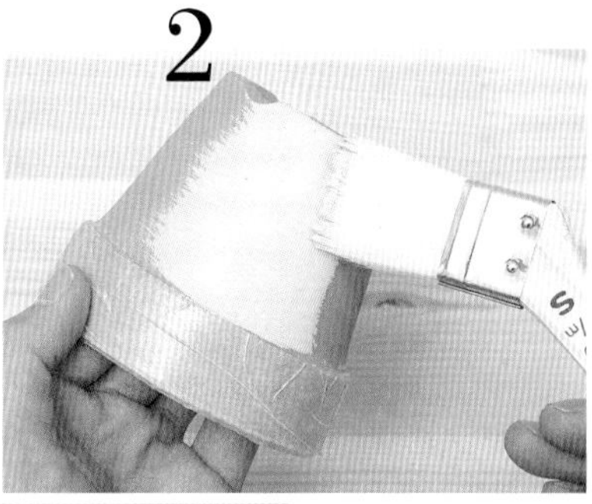

涂第一种颜色（没粘胶布的部分）。在涂料变干之前，揭下胶布。

3

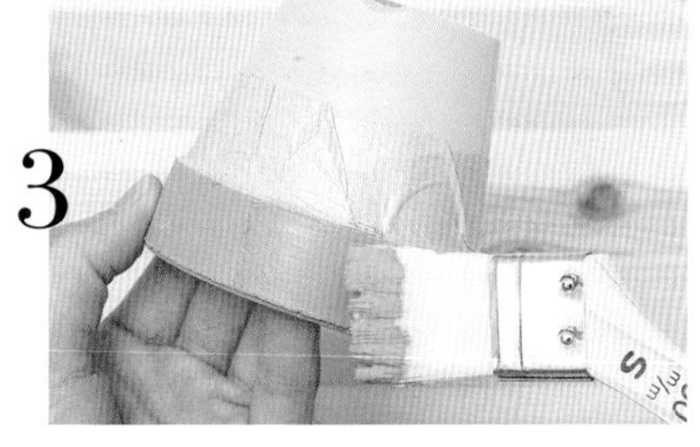

把涂完颜色的部分粘上胶布，涂第二种颜色。在涂料变干之前撕下胶布，完工。

Idea 04 05

04 黑板涂漆花盆 *Chalkboard Paint Pot*

使用黑板涂料上色，可以让作品更有独创性。写上喜爱的祝词、植物名称，或者画个小插图也情趣盎然。

材料&工具

粉笔、刷子、黑板涂料、赤陶花盆。

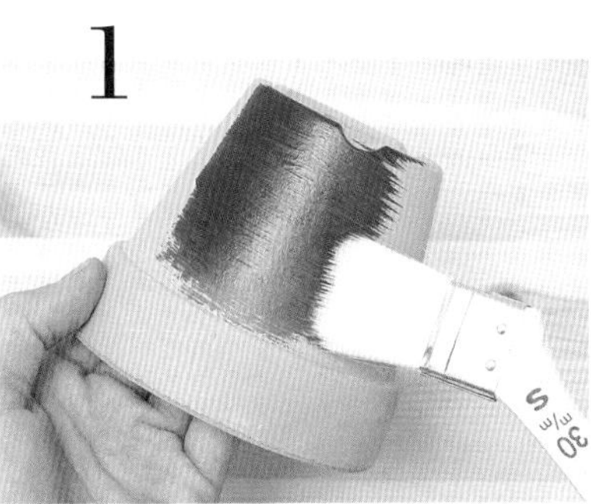

1 用刷子把黑板涂料刷在花盆上。注意不要留下刷子纹路或凹凸的色块。

2 涂料干透之后，用粉笔写上想写的内容。需要修改时，用布沾上水来擦拭。

05 裂纹涂漆花盆 *Cracking Paint Pot*

使用裂纹剂，表现出花盆年久龟裂的效果。涂两层颜色，表层涂料呈现龟裂感，底层颜色隐约可见，颜色搭配要慎重。

材料&工具

刷子、两种颜色的水性涂料、裂纹剂、赤陶花盆。

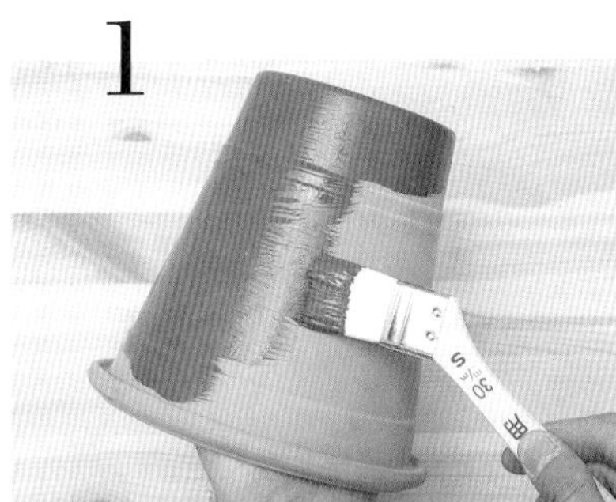

1 横向涂第一层颜色，不要遗漏边缘等细节部位。

2 纵向涂裂纹剂，变换涂抹方向，可以形成漂亮的裂纹效果。

3 第2步的涂料干透之后，横向涂抹第二层颜色。如果在同一地方重复涂抹，则无法形成裂纹效果，请注意。

Idea 06

06 吊挂用花盆 *Hanging Pot*

把塑料花盆加以改造，就可以挂在天花板等高处，既节省空间，又可以让搭配更有层次感。使用有颜色的登山绳，制造视觉亮点。

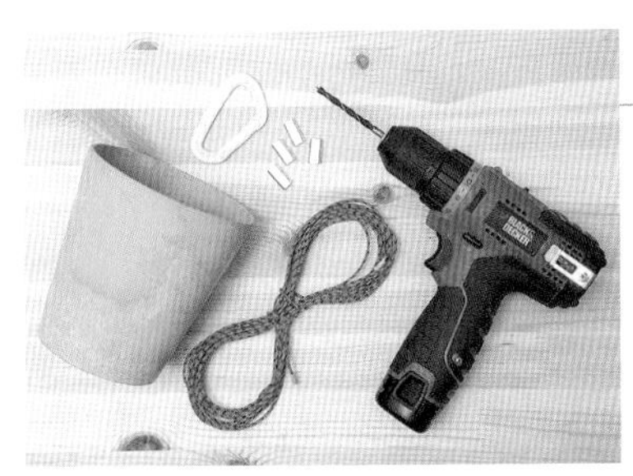

材料&工具

塑料花盆、铁环、锁扣、直径3毫米登山用绳、电钻（打孔钻头）。

1

以花盆中心为基点，在接近上部边缘的前后左右处各打一个小孔。这四个孔要分别和圆心在一条线上，否则拴上绳子会不稳。

2

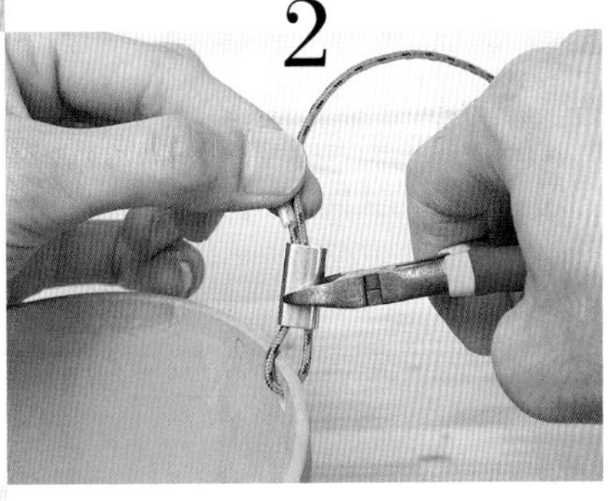

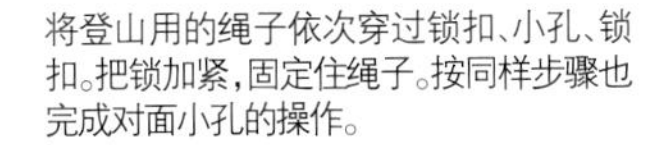

将登山用的绳子依次穿过锁扣、小孔、锁扣。把锁加紧，固定住绳子。按同样步骤也完成对面小孔的操作。

3

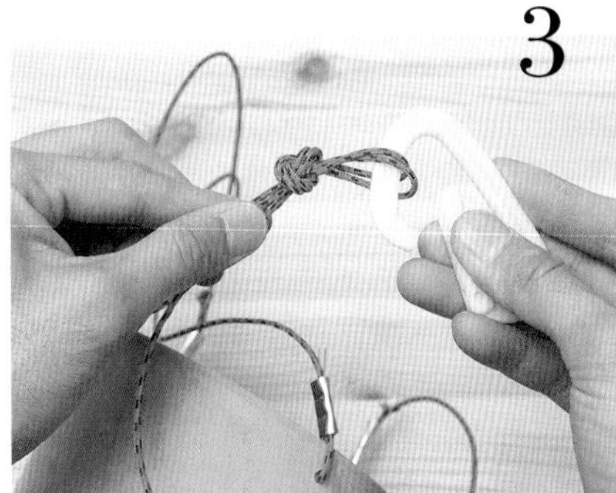

四个小孔都穿好绳子后，将绳子聚拢，在上部打结，并留出一个小圈，穿入铁环即可。

Idea 07

07 水泥花盆 *Cement Pot*

质朴的水泥花盆，能把绿植衬托得很有现代感。可以尝试用屋形牛奶盒做四角花盆等，利用各种形状、大小的容器做模具。

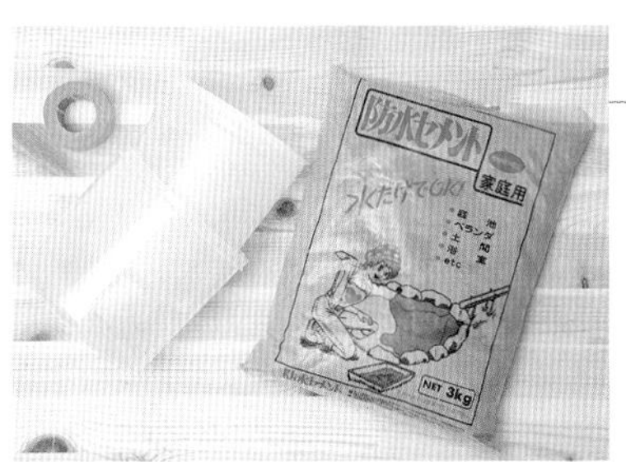

材料&工具

遮盖用胶带，
大、小两种型号的塑料杯子（小的要比大的至少小一圈），
水泥，一次性筷子。

1

用水搅拌水泥倒进大号杯子里，到一半稍少的位置，用筷子充分混合。

2

把小号杯子按入1中，注意不要让水泥溢出。做成的凹形部分，即花盆内侧。

3

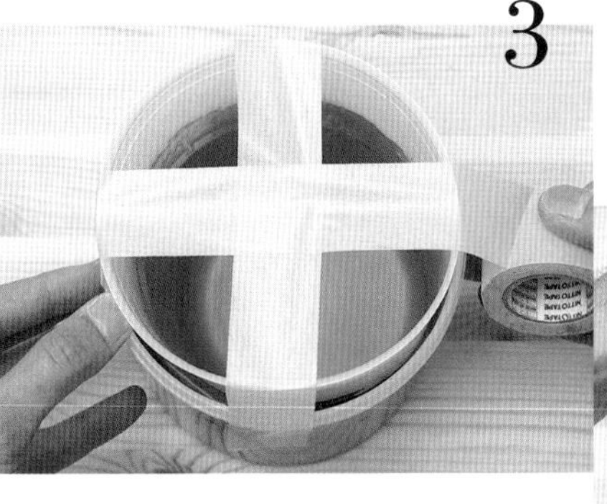

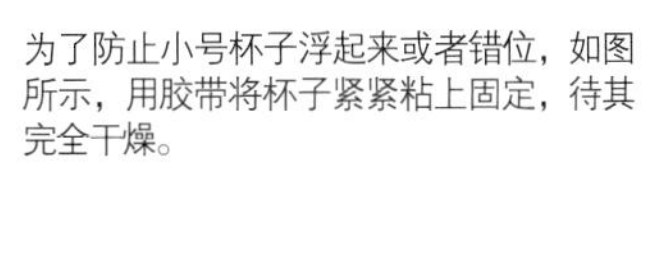

为了防止小号杯子浮起来或者错位，如图所示，用胶带将杯子紧紧粘上固定，待其完全干燥。

4

水泥完全变干后，取下小杯子，再从大杯子里取出固定成形的水泥花盆。如果花盆粘在杯子上拿不下来，可以把杯子剪开。

Part 3

植物养护 Q&A

适合室内栽培的绿植品种有哪些?

需要备齐什么基础工具?怎样移栽?

对于这些居室绿植的初学者提出的问题，

绿植专家给出了专业回答。

Green Guide

爱心榕

叶子为巨大的心形，色彩明亮、很有存在感。虽然是榕属植物，但质感更柔软。株型较大，如果枝叶伸张过度，可在春天修剪。在夏天以外的季节，偶尔要晒太阳，常年需要叶面喷雾护理。

放置场所	没有阳光直射的明亮室内。
浇水	土壤表面变干后充分浇水。冬天要少浇。

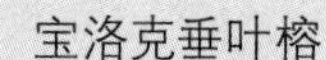

宝洛克垂叶榕

蜷曲的叶子非常独特，属垂叶榕科。为耐阴性植物，但是喜光照，在冬天以外的季节可移至户外。夏天要避免阳光直射和缺水干枯。如果枝叶挤在一起，要按一定间距拔叶，以保其透气。

放置场所	室内光照充足的地方或明亮屋内。
浇水	土壤表面变干2 ~ 3天后，充分浇水。冬天要少浇。

垂叶榕

光亮而小巧的叶子生长密集。可在市面上见到将它优美的枝干编成三股麻花的工艺品。在不适宜的环境或光照不足的地方，可能会落叶，放置于向阳处又会发芽。夏天避免阳光直射。

放置场所	室内光照充足的地方或明亮屋内。稍暗的室内也可。
浇水	土壤表面变干2 ~ 3天后，充分浇水。冬天要少浇。

孟加拉榕

叶片大而肉厚，生有细毛，有一定的光泽度。茎干呈现美丽的银色，令人印象深刻。榕属植物的叶子和树枝被剪开后，会流出白色树液，修剪之后需好好擦拭切口。

放置场所	室内光照充足的地方或明亮屋内。稍暗的室内也可。
浇水	土壤表面变干2 ~ 3天后，充分浇水。冬天要少浇。

海葡萄

学名Coccoloba Uvifera，野生于海边附近，因结成串果实而得名，但在室内养殖一般不易结果。叶呈圆形，叶脉很美。春、秋两季适当晒太阳，便可茁壮生长，不落叶。如果伸展过快，可在春天剪枝。

放置场所	没有阳光直射的明亮室内。
浇水	土壤表面变干2 ~ 3天后，充分浇水。冬天要少浇。

红边龙血树

细长的叶子有红色、绿色及斑纹状等品种，茎部的线条给人以时尚感。不易横向扩张，而是纵向伸展，如果伸展过长，可在春天修剪。市面上也可见枝条卷曲的特制品。夏天避免阳光直射。

放置场所	室内光照充足的地方或明亮屋内。稍暗的室内也可。
浇水	土壤表面变干后充分浇水。冬天要少浇。

狭叶鹅掌柴

鹅掌柴属植物中的细长叶类型，枝干颜色发白，显得很清新。市面上可见树枝形态各异的产品，可以仔细观赏比较，尽情选择。耐干燥、耐寒，生长旺盛，春天需要剪枝。

放置场所	没有阳光直射的明亮室内。稍暗的室内也可。
浇水	土壤表面变干后充分浇水。冬天要少浇。

佛手莲

特点是叶片大，很有气势。很像山芋叶子，落叶之后显现出凹凸不平的茎部。耐干旱，但叶子会因日照不足而下垂，需注意。

放置场所	没有阳光直射的明亮室内。
浇水	土壤表面变干2 ~ 3天后，充分浇水。冬天要少浇。

围涎树

纤细的叶子在微风中也会轻轻摇摆，传送清爽气息。叶子入夜便会合起，昼夜间的变化是一大特征。长大后会开出黄色的球状花朵。夏日缺水或冬日寒冷都会造成叶子干燥，插枝可活。

放置场所	室内光照充足的地方或明亮屋内。
浇水	土壤表面变干后充分浇水。

铁线蕨

柔嫩的叶子很优雅，是清爽的蕨类植物。非常不耐旱，要避免空调风直吹和日光直射，务必用喷雾为叶片补水。干枯后从根部截断，放到明亮处，又会发芽。

放置场所	室内光照充足的地方或明亮屋内。稍暗的室内也可。
浇水	土壤表面变干后充分浇水。

花烛

如心形花瓣一般的叶状物是苞片，中间细长的花序是小花集中生长的地方。有红色、白色等，独特的形状及光泽感都散发着热带气息。春、秋两季反复开花，冬季赏叶。

放置场所	没有阳光直射的明亮室内。
浇水	土壤表面变干2 ~ 3天后，充分浇水。

虎皮兰

叶子肉厚，有格状纹路，如剑一般细长的形状颇具个性。有耐阴性，但适当晒太阳，叶子会更强壮。移栽以2 ~ 3年1次为宜，繁殖方法为分株或插叶，非常耐旱。

放置场所	没有阳光直射的明亮室内。稍暗的屋内也可。
浇水	每个月只需充分浇水1 ~ 2次。严冬时节可不用浇水。

瓜栗

瓜栗的造型颇为独特，从矮胖的茎干直通张开的叶片。叶片稍薄而有光泽，某些品种还有斑纹。生长力旺盛，剪枝后会从侧部生出新芽，易于修整造型。以插枝方式繁殖。

放置场所	室内光照充足的地方或明亮屋内。
浇水	土壤表面变干1周后，充分浇水。非常耐干燥，冬天浇水约每月1次。

咖啡树

匀称的造型、富有光泽的叶片是魅力所在。受阳光直射，叶片会变得更亮。冬季需放置于温暖处，要避开冷空气进入的门口。虽然是可结咖啡豆的树种，但室内养殖一般较难结果。

放置场所	室内光照充足的地方或明亮屋内。
浇水	土壤表面变干后充分浇水，水量不要过多。冬天要少浇。

孔叶龟背竹

叶子比一般龟背竹更小，裂纹更深。新生叶片无裂纹，随长大而生出。为藤蔓植物，可以缠绕在支柱上，或垂吊生长。如果想养成体积较小的造型，要在春天剪枝。

放置场所	没有阳光直射的明亮室内。稍暗的屋内也可。
浇水	土壤表面变干2 ~ 3天后，充分浇水。冬天要少浇。

散尾葵

椰子科植物中流行度最高的品种。图中为树苗，随着成长，细长的叶子会从长长伸展的茎干垂下，带给屋内南国的氛围。虽耐暑，但夏季要避日光直射，冬日要防寒。

放置场所	室内光照充足的地方或明亮屋内。稍暗的屋内也可。
浇水	土壤表面变干后充分浇水。冬天要少浇。

榕树

粗壮而奇异的根部形态独特。这种根叫气生根，会逐渐长成树干，在热带地区会长成高大的树木。小枝杈上生长的叶子厚实而有光泽。

放置场所	室内光照充足的地方或明亮屋内。稍暗的屋内也可。
浇水	土壤表面变干2 ~ 3天后，充分浇水。冬天要少浇。

绿萝

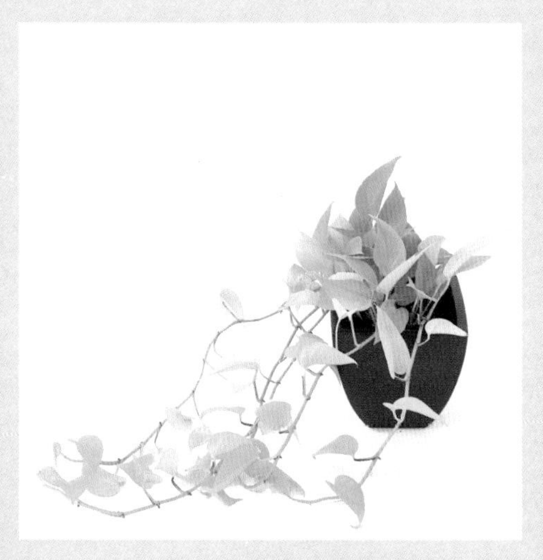

绿萝对生长环境无严格要求，多湿的浴室或比较干燥的室内等均可。作为繁殖力强大的藤蔓植物，茎干插入水中就可以生根。图中的青橙色叶片品种能让房间更明亮，除此之外，还有叶片为深绿色或带有斑纹的品种。

放置场所	室内光照充足的地方或明亮屋内。稍暗的屋内也可。
浇水	土壤表面变干2 ~ 3天后，充分浇水。

常春藤

适于混栽的藤蔓植物。可以在暗处养殖，但是叶片积累了灰尘就会生红蜘蛛，所以要每日喷雾，并不时晒太阳、吹风。取一小段种植也可生根，枝条会不断伸长，可定期修剪造型。

放置场所	室内光照充足的地方或明亮屋内。稍暗的屋内也可。
浇水	很耐旱，但土壤表面变干后要充分浇水。

萨热藤

优雅的藤蔓植物，5片小叶组成一束。易与其他植物搭配，适于混栽及垂吊展示。生长力十分旺盛，可定期修剪造型。截取部分茎干插入水中即可生根。

放置场所	室内光照充足的地方或明亮屋内。稍暗的屋内也可。
浇水	土壤表面变干后充分浇水。冬季要少浇。

白脉椒草

草胡椒属植物种类繁多，白脉椒草的深绿色叶片肉厚而硬，叶脉纹路优美。有耐阴性，但在阴暗处茎干会疯长，叶片失去光泽。插枝、分株、插叶均可繁殖。

放置场所	没有阳光直射的明亮室内。
浇水	土壤表面变干2 ~ 3天后，充分浇水。冬天要少浇。

二岐鹿角蕨

附生在木头上的蕨类植物，有裂纹的大片叶子，形似蝙蝠或驯鹿角。叶子分为两类，包裹根的叶子（储水叶）会变成茶色。经常晒太阳，会生长得更强健。

放置场所	没有阳光直射的明亮室内。
浇水	土壤表面变干2 ~ 3天后，充分浇水。冬天要少浇。

到手香

叶片上有一层软毛，多肉，摸起来很舒服。薄荷般的香气也给人以享受。生长力强，摘取一小株插在土里便可生根。对夏季的酷暑和闷热抵抗力较弱，如果生长过于茂盛，可疏叶或分株。注意浇水不要过多。

放置场所	室内光照充足的地方或明亮屋内。
浇水	土壤表面变干后充分浇水。冬天要少浇。

月兔耳

周身密集生长着绒毛的多肉植物，叶子形态丰满、呈白色。锯齿状叶缘上部的黑色或茶色斑点很有特点。因形似兔子耳朵而得名。耐干燥，但夏季要避高温和日光直射。

放置场所	室内光照充足的地方或明亮屋内。
浇水	每个月只需充分浇水1 ~ 2次。冬天要严格控制浇水。

翠绿龙舌兰

龙舌兰属，叶片肉质丰厚而坚硬，有的顶端还很尖锐。而初绿的叶片则质感柔软，呈银绿色。每年长数片新叶，多年以后，会长得十分高大。耐干燥，耐严寒。

放置场所	室内光照充足之处。
浇水	每个月只需充分浇水1 ~ 2次。冬天要严格控制浇水。

仙人掌科丝苇属·若紫

在市面上能见到很多丝苇属的产品。若紫的枝条纤细、相互分离而下垂，适于吊挂。枝叶肉质丰厚，对干燥和寒冷有较强抵抗力。若环境适宜，还能开花。需要控制浇水及施肥量。

放置场所	室内光照充足的地方或明亮屋内。
浇水	土壤表面变干1周后，充分浇水。冬天要少浇。

霸王凤梨

银绿色的坚硬叶片卷曲成玫瑰花状，株型会慢慢长大。叶子吸收空气中的水分成长，属空气凤梨的一种，无需土壤或肥料。置于通风处养殖，浇水后倒置，以除去多余水分。

放置场所	没有阳光直射的明亮室内。
浇水	每天两次喷雾给水，每两周在水中浸泡约4小时。

松萝凤梨

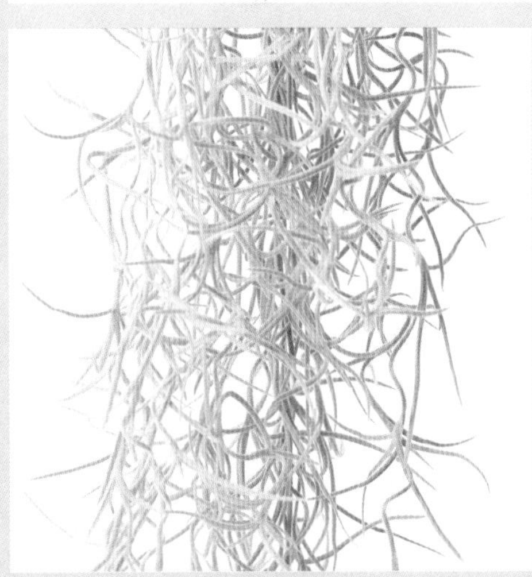

银绿色的细长枝条垂下，营造出柔和的氛围。属空气凤梨的一种。无需土壤，可附着于其他植物的枝杈或房间墙壁生长。不耐干燥，需回避空调风。冬天不耐寒。

放置场所	没有阳光直射的明亮室内。
浇水	每天两次喷雾给水，每两周在水中浸泡约4小时。

Q&A 解答初学者的疑问

Q.1 如何把绿植移栽到心仪的花盆中?

A 从决定植物的“正面”开始。

远远眺望，观赏效果最佳的一面，就是植物的正面。决定了正面之后，按照以下顺序进行花盆移栽即可。

①

在花盆底部的小孔处垫一片纱网，防土壤漏出。为了能排水通畅，再铺一层小碎石，能覆盖住花盆底面即可。

③

一点点往花盆里加土，掌握好植物移入时的高度。如果使用不含肥料的土，需施底肥。

②

将植物从原花盆中取出，注意不要损伤根部。把根部附着的土拍松，便于与新土混合，促进根部伸展。

④

将植物放入花盆正中。如果是四角形或有图案的花盆，要考虑花盆的哪一面和植物的正面对应，并调整好位置。

5

在植物周围培土。土要培满，植物原来带的土和新土之间不能有任何缝隙。

6

为了消除土壤中的缝隙，用一次性筷子或木棒将新土用力向下压，土壤下降后，再加入新土。

7

土加到距花盆边缘2厘米处为止。浇水时，先把水浇到积在土表面的位置，待全部渗下去后，就表示水已经遍及整株植物。

8

Finish

最后，再次充分浇水，直到水从花盆底部渗出。检查一下植物茎部是否有松动，如没有则大功告成。

Q.2 如何正确浇水?

A 确认土壤的干湿程度，浇水要浇透。

浇水的时机因植物而异，但浇水量一定要达到水从花盆底部渗出的程度。水积在盆底会导致根部腐烂，所以一定要把托盘里的水清空，擦干。同时，每日给叶子做喷雾护理，在防止干燥的同时，还能清理灰尘、防除病虫害。

Q.3 哪些场所不宜摆放绿植?

A 没有窗户、完全不见阳光的房间，养不好绿植。

即使是耐阴性植物，也需要一定程度的光亮。而且，在阴暗且通风不好的地方，也容易诱发病虫害。还要避免把植物放在空调直吹的地方，或者冬天冷空气入室的玄关附近。如果房间内有地热，为了防止地热直接传导给花盆，要垫上隔热材料。

Q.4 需要准备的工具有哪些？

A 需要准备喷壶、培土器、泥铲、手套。

因为主要在室内使用，建议使用轻便的塑料喷壶。2.5~5升的喷壶，以及防止泥土撒落，让栽种更轻松利落的培土器都很实用。泥铲要准备可以深挖及断根的不锈钢制品。包括保护双手的手套在内，所有的物品都需要可以简单清洗的。

从左至右：喷水壶（3.5升容量）、古典泥铲（粗型）、培土器（2个）、花园手套

Q.5 如何选择土壤？

A 要选择兼具排水性和保水性、养分均衡的土壤。

根据植物的特性来混合土壤及选择肥料固然可以，但使用植物专用的培养土则更便利。市面上有各种各样的培养土，比如兼具排水性和保水性的观叶植物用土、排水性良好的仙人掌·多肉植物用土，等等。选用含有底肥的产品，还可以免去栽种时施肥的步骤。

从左至右：轻巧花盆底石、仙人掌·多肉植物用土、观叶植物用土、虎尾兰属·玉树·芦荟用土

Q.6 需经常检查的事项有哪些？

A 要经常留意叶子的颜色、弹性等。

比如叶片颜色不健康、没有弹性、下垂、落叶、茎干疯长等。如果有这些问题，可能是日照不足所引起的。只要不是夏天，就把植物放在阳光直射处晒太阳吧。此外，枝叶是否过于密集，根部有没有晃动的迹象，叶片上是不是积了尘土，等等，每次浇水时一定要把这些事项都检查一下。

Q.7 固体肥料和液体肥料有何区别?

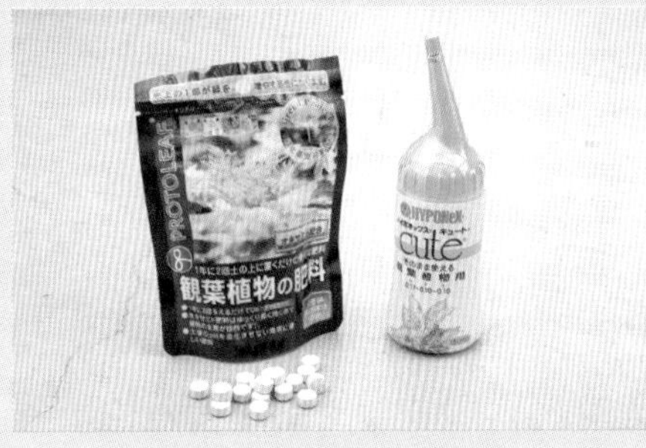
左：观叶植物肥料　右：微小型观叶植物肥料

A 如果需要慢慢发挥作用，就选固体肥料；如果要马上起效，则选液体肥料。

高大的植物一般使用细水长流型的固体肥料。对于长期没有施肥的植物，生命力明显不够旺盛、需要迅速起效的植物，以及很难给根部施固体肥的附生植物或微小植物等，宜用液体肥料。经常开花的花烛等要用花朵专用液肥。施肥时期从春到秋，约2个月1次。

Q.8 家中无人，如何浇水?

左：给水器　右：保水剂

A 使用可以随时补水的便利产品。

比如这种“浇水值班”。使用时把软管放进水桶的水里，锥形陶坯插到花盆的土里，即可持续给土壤供水。啫喱状的液体保水剂与水混合后，可将浇水次数降为原来的三分之一，即浇水1次可以相当于3天的水量。

Q.9 叶子变黄掉落，是不是生病了?

A 叶子变黄的原因，不只是生病。

如果叶子整片变黄，有可能是浇水不够或是生了病虫害。但是，如果只有几片叶子变黄掉落，则有可能是因为光照不足、叶子生长过密导致，或是叶子的寿命到了。叶子的寿命有的是半年，也有的是2年以上，因环境而异。

版权合同登记号图字06-2017年第107号

图书在版编目（CIP）数据

植物生活 / 日本主妇与生活社编；王筱卉译. —沈阳：辽宁人民出版社，2019.7
ISBN 978-7-205-09089-0

Ⅰ. ①植… Ⅱ. ①日… ②王… Ⅲ. ①盆栽—观赏园艺 Ⅳ. ①S68

中国版本图书馆CIP数据核字（2017）第220072号

出版发行：辽宁人民出版社
地址：沈阳市和平区十一纬路25号　邮编：110003
电话：024-23284321（邮　购）　024-23284324（发行部）
传真：024-23284191（发行部）　024-23284304（办公室）
http://www.lnpph.com.cn
印　　刷：吉林省吉广国际广告股份有限公司
幅面尺寸：185mm×230mm
印　　张：7.5
字　　数：100千字
出版时间：2019年7月第1版
印刷时间：2019年7月第1次印刷
责任编辑：盖新亮
封面设计：丁末末
版式设计：姿　兰
责任校对：吴艳杰
书　　号：ISBN 978-7-205-09089-0

定　　价：58.00元